科技大探秘

大型机械与工地

BUSCA EN LAS GRANDES MÁQUINAS

（西）苏塞塔 编　王明丽 译

海峡出版发行集团 | 福建科学技术出版社
THE STRAITS PUBLISHING & DISTRIBUTING GROUP | FUJIAN SCIENCE & TECHNOLOGY PUBLISHING HOUSE

著作权合同登记号：图字 13-2015-039

图书在版编目（CIP）数据

大型机械与工地 /（西）苏塞塔编；王明丽译. —福州：福建科学技术出版社，2016. 1（2022.3重印）
（科技大探秘）
ISBN 978-7-5335-4872-8

Ⅰ. ①大… Ⅱ. ①苏… ②王… Ⅲ. ①机械–少儿读物 Ⅳ. ①TH-49

中国版本图书馆CIP数据核字（2015）第236951号

书　　名　大型机械与工地
　　　　　DAXING JIXIE YU GONGDI
　　　　　科技大探秘
编　　者　（西）苏塞塔
译　　者　王明丽
出版发行　海峡出版发行集团
　　　　　福建科学技术出版社
社　　址　福州市东水路76号（邮编350001）
网　　址　www.fjstp.com
经　　销　福建新华发行（集团）有限责任公司
印　　刷　中华商务联合印刷（广东）有限公司
开　　本　635毫米×965毫米　1/8
印　　张　4
图　　文　30码
版　　次　2016年1月第1版
印　　次　2022年3月第5次印刷
书　　号　ISBN 978-7-5335-4872-8
定　　价　39.80元

目录

农业机械

人体所需的能量95%来源于农畜产品。农作物收成量按由高到低的顺序排列为小麦、水稻、玉米、土豆和大麦，全世界有50亿公顷的土地用来种植这些作物，人们运用机械进行耕作以取得最大收成。

联合收割机是一体化收割农作物的机械，它能一次性完成收割、脱粒，并将麦（谷）粒收集到储藏仓，然后再通过传送带送到运输车上。

有3只丛林动物混进来了，你能找到它们吗？

人们使用耕作机械犁地、翻地，并整出播种沟，为接下来的耕种做好准备。

你能找到7只被收割机吓跑了的小动物吗？

有7只小鸟等着吃麦粒，你找到它们了吗？

播种机通过拖拉机牵引，在每条播种沟中播下一定数量的种子。

你看到了几台拖拉机？从中间这台最大的开始，找找看吧！

这是一台拖挂式打捆机，它可直接捡拾稻秆、麦秆或玉米秆等，并将它们压实打捆，打成一个个巨大的“秸秆轮”。

在田野里有6匹马，你能找到它们吗？

犁铧犁过，在土地中留下了不平整的犁沟和土块，然后使用整地机将其修平整，为播种做好准备。

你得找出7只奶牛，好好找找！

收获机械

田野里，每年的收获季都会如期到来，农民们等待着丰收。在收获水果时，农民们会运用到专门的收获机械，让水果能以最优品质投入市场。

有3只从森林里跑出来的动物，你找到它们了吗？

橄榄采摘机摇晃着橄榄树让果实掉落，通过一根管子去除杂质、收集橄榄，并送到一旁的翻斗车中。

你有找到3瓶橄榄油吗？

收获葡萄时，人们使用有“隧道”的葡萄收获机，它穿过葡萄藤，移动机械臂让脱落的葡萄掉到传送带上。

5串葡萄散落了，你看到了吗？

柑橘采摘机工作时让带有橡胶尖刺的大型橡胶磙子旋转起来，同时挥动支臂，轻轻拍打柑橘，让其掉进内部的托盘中。

地上有3个柠檬，你能找到吗？

大范围收割玉米需要使用带有收集头和采摘磙子的玉米收割机，同时进行采摘、去叶和摘穗。

你能看到4盒爆玉米花吗？

这些收获机械都有一个必不可少的伙伴——翻斗车，它将收获的果实运送到粮仓储存。

一只猫在追5只偷了玉米粒的老鼠，你看到了吗？

拖拉机

拖拉机是用于牵引和驱动作业机械完成各项移动式作业的自走式动力机，也可作为固定作业动力。有了拖拉机，现在的耕作与收获才更省力、更快速。

注意！有 2 只其他时代的动物混进来了。

拖拉机为改善和提高农作效率作出了巨大贡献，将人与牲畜从繁重的劳作中解放出来。

有 5 只兔子和孩子们玩得正开心，你看到它们了吗？

最初，拖拉机是以蒸汽为动力的；随后，内燃机的诞生，让拖拉机的性能得以优化，变得更加轻巧、易操控。

这里有 8 只分散在田野里的绵羊，你能找到它们吗？

如今，农用拖拉机上附加了其他机械，能够完整地实现田间作业，如耕地、播种、施肥和收获等。

母鸡下了 4 个蛋，但是被弄破了，你看见了吗？

带铲斗的拖拉机能够运输、推送货物，甚至还能拖拉货物。

你看到 4 台玩具拖拉机吗？

拖拉机能够将装载货物的斗车拖到合适的地方。

7只母鸡从农场里跑了出来了，你找到它们了吗？

在林业中，带“颚爪”的拖拉机能够轻松地移动沉重的原树筒。

1只母鸡找不到它的5只小鸡了，你能帮帮它吗？

Big Bud 747 大功率拖拉机诞生于1977年，是世界上最大的农用拖拉机。这台拖拉机时速达13千米，每分钟能耕地1公顷。

盾构隧道掘进机

盾构隧道掘进机，简称盾构机，它用于挖掘通过山体、河床下或海底的大型隧道。它在公路、铁路和城市地铁的建设中贡献巨大。

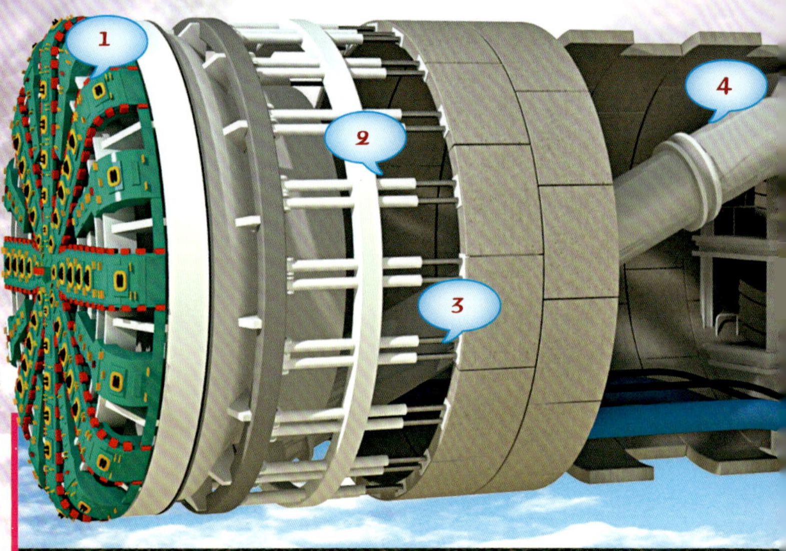

太危险了！5个小孩在隧道里玩耍，你看到他们吗？

在挖掘隧道时，盾构机把带有金刚石的坚硬锯齿和磙子的滚动头部紧压在岩石上，切割、粉碎岩石，并将土碴通过运输带送出。盾构机在挖掘隧道的同时，支撑了隧道，并用混凝土块对隧道进行衬砌加固。

找找在土地切面挖出的5个洞，它们在哪儿？

大型交通工程不仅是为了方便连接各地区，它也是城市建设的基础设施，并且最大限度地利用城市空间。

你得找到17辆小汽车、4辆箱式货车和7辆大客车。

大型隧道有上下两层，上层为轻型车辆通道，下层为大型车辆通道。

这里有3种禁止在隧道中行驶的交通工具，你看到了吗？

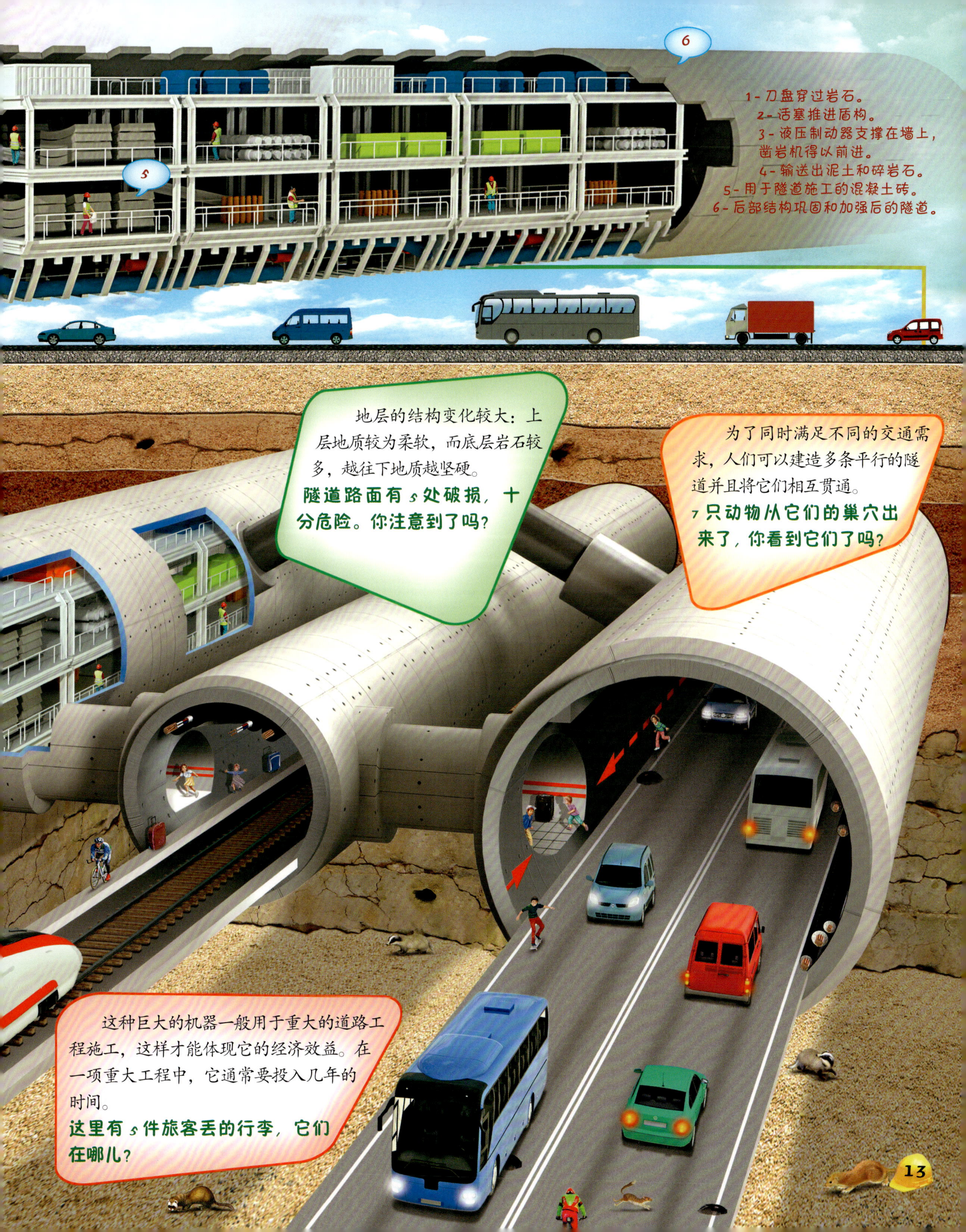
1-刀盘穿过岩石。
2-活塞推进盾构。
3-液压制动器支撑在墙上，凿岩机得以前进。
4-输送出泥土和碎岩石。
5-用于隧道施工的混凝土砖。
6-后部结构巩固和加强后的隧道。
6
5
地层的结构变化较大：上层地质较为柔软，而底层岩石较多，越往下地质越坚硬。
隧道路面有5处破损，十分危险。你注意到了吗？
为了同时满足不同的交通需求，人们可以建造多条平行的隧道并且将它们相互贯通。
7只动物从它们的巢穴出来了，你看到它们了吗？
这种巨大的机器一般用于重大的道路工程施工，这样才能体现它的经济效益。在一项重大工程中，它通常要投入几年的时间。
这里有5件旅客丢的行李，它们在哪儿？

采石场机械

在这个大型的露天采石场中，会用到不同种类的工程机械，它们在采石场中大显身手、各司其职，并协同工作着。

在采石场中发现了9根罗马柱，你找到它们了吗？

大功率的履带式挖掘机将最后一铲石块装入车中。

采石场上有各种功能的车辆。

重载翻斗车装上石料，将它们运到指定的堆放地。

除了罗马柱外，还有7件具有考古价值的物品在开采过程中被发现。它们在哪儿？找找看！

有3辆手推车和4把山镐被丢在一边，你看到它们了吗？

履带式推土机可以平整地面。

有6顶没有使用的头盔，你找到它们了吗？

轮式装载机能够往翻斗车上装载大量石料，以运走这些石料。

采石场中这样的工程机械有几台？

道路施工机械

在道路施工中，人们使用一组特殊的工程机械。它们在道路建设工程的铺路基和铺沥青过程中起到重要的作用，从土地清理到道路建设，所有工作都连贯有序地进行着。

有 11 只动物失去了家园，你能找到它们吗？

平路机在平整路面。

一台水平测量器丢失了，你能找到它吗？

压路机压实碎石为铺沥青做好准备。

你看到 2 张光盘了吗？

液压破碎锤是处理岩石的机械，这种机械在岩石地区开路时至关重要。

找找 4 个危险的炸药！

压路机是重型机械，拥有两个巨大的滚筒，用来压实碎石或沥青，使路面变得更加平整结实。

一个压路机滚筒丢失了，它在哪儿呢？

卡车运送沥青，并将其装进沥青摊铺机的车斗中。

你找到 2 个大木桶了吗？

沥青摊铺机将沥青以规定的厚度近乎完美地平铺开来。

路面上有 4 个破损处，你能找到它们吗？

压路机压实碎石和沥青。

碎石路面上有 4 块较大的石头，你能找到它们吗？

建筑工程施工机械

有一组机械运用在建筑工程中，它们的任务是清理和平整地面，为即将实施的工程项目做好准备。

有3个小孩不应该待在施工现场，你看到他们了吗？

挖土机是依靠轮子或履带前进的。工作时，它的铲斗上下摆动挖掘，并将物料装入运输车或堆放一处。

4 辆翻斗车在哪儿？

翻斗车是为方便货物运输、装卸而设计的工程机械，车上的斗可以平置或倾斜。

你看到工地上的 10 架吊塔了吗？

搅拌运输车专门搅拌和运输混凝土。在搅拌车的底盘上有一个可转动的圆柱形筒，这使得水泥保持动态，延缓凝固。

你看到一个推小推车的工人了吗？

反铲挖掘机是一种依靠轮子或履带行走的工程机械，底盘以上部分可以 360° 旋转。通过安装在臂上的铲斗，它可以完成挖掘、装载、旋转、卸料等工作。

推土机是靠履带带动进行推土的工程机械，前方装有大型的金属推土刀，它不能用于向货车装货。

两个工人在用铲子，你看见他们了吗？

你看到 4 台左边这种带铲斗的机械了吗？

大型工程机械运输车

大部分大型工程机械功率大、体积大、速度慢，它们一般不允许自行在公路上行驶。在运输重型工程机械上，这种大型工程机械运输车便派上了用场。

有9个孩子在现场看施工，他们在哪儿？

这些大型工程机械运输车需要一个巨大的平板挂车来放置工程机械。

你得找出4个蓝色的和3个绿色的工人头盔。

有些大型工程机械运输车上装有起重机，就像这辆巨大的吊车。

1台水泥搅拌机和5个水泥袋在哪儿？

工程机械一般不允许在公路上行驶，因为它们会损坏道路。因此，它们需要由特殊的车辆来运输。

你能在这工地上找到另一个与这台推土机上一样的推土刀吗？

有些工程机械，由于体积庞大，需要两辆卡车来运输。**一台机器丢了3个轮子，你能找找吗？**

有些大型工程机械的运输，由于路途较远，需要警车护送，甚至要进行交通管制。**你能找到7个交通标示牌吗？**

卡车

卡车与工程机械不同，卡车主要用来运输货物，它的载货种类、体积和用途决定了卡车的特点。卡车类型非常多，大致可分为小型、中型、大型、超大型卡车。

液罐车上有一个能装液体的巨大罐子，能够运输液化气体、油料、牛奶、红酒、化学试剂，以及消防、清洁用水等。

你找到 3 个红色汽油桶了吗？

你能找到卡车丢的 1 个轮子吗？

过去的卡车和现在的卡车大不相同，在这里你将会看到最新型的卡车。

我看到了 4 只鹿，你呢？

防弹运钞车是一种小型的双轴车辆，它的特别之处在于外壳是由防弹材料制成的，用于运输钞票等贵重物品。

这辆运钞车丢了 5 袋钱，你找到它们了吗？

我们没太观注垃圾车，如果没有它们，我们的城市会变成什么样子吗？

有 4 只极度受惊的松鼠，你找到它们了吗？

在大雪纷飞的时候，地上积雪较厚，这时铲雪车在开路方面就能大显身手了。

3 只野猪崽在哪儿？

冷藏车可以运输不耐高温、易变质的物品。

你能找到 4 只鹰吗？

专用卡车

有些卡车，其体积和长度超乎我们的想象。我们很难在公路上看到这些巨大的专用运输车辆，让我们来认识一下它们。

矿用翻斗车是装载矿物的大型车辆，因为它车型巨大，所以只有在特定时段才可在公路上行驶。矿用翻斗车能够承载数百吨矿石。

有3只来自非洲的动物，它们是什么？

有些游艇必须用大型多轴卡车运输。在中国的吉林省，人们能够看到配有双拖车、总长度120米的30轴卡车。也就是说，它有240个轮子。

这里有9只小老鼠，你能找到它们吗？

有些地方，人们为了换新的居住环境会把整座房子移到新住址。他们把房子装到专用拖车上，将它们运送到一个新地方。

你看到6栋没有被搬走的房子了吗？

有些设备本身就具备了用于运输的平台，因此移动它不需要使用拥有大量车轮的运输平台。

有人运送3种危险物品，它们在哪里？

在像澳大利亚那样广袤的平坦地区中，道路又直又长，可以使用连接了大量拖车的汽车列车。这类汽车列车的最高纪录是同时拖着112辆拖车前进，总长度为1474米。你能想象到这种车辆在道路上前行的场景吗？

你能在图中找出6只袋鼠吗？有几只颜色较深哟！

矿山机械

矿山机械是在矿山采矿中使用范围最广的工程机械，包括挖掘机、吊斗铲、凿岩机、翻斗车、钻机、破碎机、推土机、装载机等。在这里我们将看到较常见的几种。

矿区被挖得太厉害了……有 12 只动物跑出来了，你能认出它们吗？

履带式挖掘机用于挖掘泥土或矿石，并将其装到翻斗车上。

翻斗车丢失了 3 个大的螺栓，你能找找它们吗？

采矿时需要配备一些装载矿石的大型翻斗车。在这些大型翻斗车中，最大、最有力的车型是利勃海尔 T282B，它可装载超过 500 吨的矿石。

你能找到一个大扳手吗？

井下采矿机械不仅要挖矿、碎石，同时还要开辟足够宽的地下通道。这样装载矿石的翻斗车才能自由进出。

你看到 4 块金矿石了吗？

小松挖掘机功率为 2955 千瓦，重达 740 吨，一铲能够挖掘 50 立方米的土石。

你能在这些石头中辨认出 3 块铁黑色的矿石吗？

大型起重机

大型起重机也是工程施工中十分重要的角色，它通过起重支架和悬在空中的吊钩转移或装卸货物。起重机配备滑轮组、平衡配重器和其他用于完成工作的机械。

塔式起重机就是那些我们常常在楼房建造中所看到的吊塔，它是一种固定式起重机，在它的最高端有旋转的吊臂和平衡臂，平衡臂末端配有调节平衡的“平衡重”。

在工地周围有3座房子，你找到它们了吗？

6只动物因修建高速公路而失去了家园，小可怜儿们！

起重船，又称为浮吊船，它在没有靠岸的情况下也能够装卸货物。

这艘起重船丢了5个救生圈，它们在哪儿？

自行式起重机是安装在轮子或履带上的伸缩臂起重机。

你能找到2架单筒望远镜吗？

伸缩臂起重机的臂可以通过折叠或伸缩改变长度，它们的倾斜度也可以调整。人们通过改变臂的长度和倾斜度，能达到更大的挖掘半径和合理的装车高度。

3台起重机正在工作，你看到了吗？

岸边集装箱起重机是用于装卸集装箱的移动式起重机，它能够吊起65吨重的集装箱。通常能在港口码头或集装箱堆场看到它们的身影。

这艘船丢了4个集装箱，你能帮忙找到它们吗？

LARGE CRANE
560 MJC-MACK
560 MJC
C-680
40
JLC-24
A-380
WKR
WKR2000